BEI GRIN MACHT SICH IHR WISSEN BEZAHLT

- Wir veröffentlichen Ihre Hausarbeit, Bachelor- und Masterarbeit

- Ihr eigenes eBook und Buch - weltweit in allen wichtigen Shops

- Verdienen Sie an jedem Verkauf

Jetzt bei www.GRIN.com hochladen und kostenlos publizieren

Steffi Gensel, Barbara Bohn

Schönheistideale: Im Vergleich Asien, Afrika und die westliche Welt

GRIN Verlag

Bibliografische Information der Deutschen Nationalbibliothek:

Die Deutsche Bibliothek verzeichnet diese Publikation in der Deutschen National-
bibliografie; detaillierte bibliografische Daten sind im Internet über http://dnb.d-
nb.de/ abrufbar.

Impressum:

Copyright © 2010 GRIN Verlag GmbH
Druck und Bindung: Books on Demand GmbH, Norderstedt Germany
ISBN: 978-3-640-75527-1

Westliche Welt, China und Afrika

19. Februar 2010

Kultur, Lebensstile und Ernährung

WS 2009/2010

Bohn, Barbara

Gensel, Steffi

Inhaltsverzeichnis

1 Einleitung

„Es heisst, niemand liebt dich, wenn du dick bist…insbesondere, wenn du
eine Frau bist"

(LIGGETT, A. und LIGGETT, J., 1989, S. 14).

In der heutigen Zeit wird man mit dieser Aussage, unabhängig davon auf welchem Teil
der Erde man lebt, konfrontiert. Es ist nebensächlich, ob man einen Bestseller oder eine Zeitschrift liest, den Fernseher einschaltet um eine Daily Soap oder einen Spielfilm
anzuschauen, man trifft überall schlanke Frauen an. Es wird mit Schlankheit unbewusst
Schönheit, Liebe, Wohlstand, Erfolg, Sexualität und Glück assoziiert (vgl. LIGGETT, A.
und LIGGETT, J., 1989, S. 14). Dies ist ein Grund, weshalb einige Frauen, auch solche,
die eine ansehnliche Figur aufweisen, Minderwertigkeitskomplexe entwickeln und über-
legen, mittels welcher Diät sie schnell und effektiv abnehmen können, um möglichst bald
die vermeintlichen Erfolge des Schlank-Seins zu erreichen, nämlich erfolgreich, glücklich und in einer festen Beziehung zu sein. Dieser Irrglaube macht den meisten Menschen
heutzutage schwer zu schaffen (vgl. FOX, K., 1997).

Ziel dieser Hausarbeit ist es, zu recherchieren, wie die einzelnen Schönheitsideale aus
unserem und aus anderen Kulturkreisen, insbesondere aus Afrika und China, aufgebaut
sind und wie sie sich entwickelt haben. Des Weiteren wollen wir einen kurzen Überblick
geben, inwiefern sich Schönheitsideale auf den Alltag der einzelnen Individuen ausüben
und ausgeübt haben. Die Arbeit soll auf die weibliche Bevölkerung begrenzt werden, da
wir der Ansicht sind, dass dieses Phänomen einen stärkeren Einfluss auf Frauen ausübt
als auf Männer. Zudem spielt ein persönlicher Effekt eine Rolle, da es uns schwer fallen
würde, uns mit der männlichen Denkweise zu identifizieren.

2 Begriffsdefinitionen

Schönheitsideal = ist eine körperliche Erscheinung, die zu einer bestimmten Zeit als vorbildhaft schön gilt (BÜNTING, K. D., 1996, S. 1020).

Schönheit = sehr ansprechendes, hübsches Äußeres von etwas, jemandem (ebd.).

Ideal = Nicht besser möglich, vollkommen, den höchsten Anforderungen, Vorstellungen entsprechend (BÜNTING, K.D., 1996, S. 553)

3 Schönheitsideal in der westlichen Welt

3.1 Vorherrschendes Ideal und deren Ursachen

In den USA und Europa bestimmt eine jugendlich aussehende und schlanke Frau das vorherrschende Schönheitsideal, dabei werden die Maße 90-60-90 (cm-Umfang von Brust, Taille und Hüfte) angestrebt. Des Weiteren werden gerade und weiße Zähne sowie möglichst keine Körperbehaarung im Bereich der Achseln, Beine und im Schambereich als schön dargestellt. Im Gegensatz dazu gilt fülliges und glänzendes Haupthaar als ein starkes Kriterium für Schönheit und Attraktivität. (vgl. unbekannt1, 2009). Eine schöne ebenmäßige, braune Haut ist ein absolutes Muss. Obwohl inzwischen allgemein bekannt ist, dass übermäßige Sonneneinstrahlung und das regelmäßige Besuche im Solarium schädlich sein können, nimmt man dieses Risiko gerne in Kauf (vgl. LIGGETT, A. und LIGGETT, J., 1989, S. 72), denn „Bräune ist sexy, weil sie für die Welt außerhalb des verstaubten Büros steht, für Sonne, Strand und Meer, für Lebensfreude, Unabhängigkeit und Freiheit" (SCHIPPERGES, I. und SIMON, V., 2008). Schönheit wird, dank der Mode-, Fernseh-, Film- und Werbeindustrie, mit Erfolg und Macht assoziiert (vgl. KOBALD, R., 2007). Die Gesellschaft gewährt den Menschen, die das Schönheitsideal verkörpern, die besseren Chancen im Leben. Hierzu gibt es zahlreiche empirische Untersuchungen. Beispielsweise zeigen Sie auf, dass besser aussehende Personen über größere soziale Fähigkeiten verfügen als weniger attraktive Menschen. Weitere Untersuchungen besagen, dass die Erfolgsquote bei Stellenbewerbungen höher liegt. „[...] daß sie für identisch schriftliche Leistungen bessere Bewertungen erhalten (LANDY, D., SIGALL, H., 1974, S. 29, 299-304; MARUYAMA, G. und MILLER, N., 1980, S. 6, 384 - 390) und bei simulierten Geschworenenurteilen weniger hart bestraft werden" (KLUGE et al., 1999, S. 19). Somit kann man also behaupten, dass attraktiven Menschen bessere Fähigkeiten zugeschrieben werden und ihnen somit auch bessere Chancen gewährleistet werden, die das Leben erleichtern können (vgl. ebd.).

3.2 Entwicklung

Am Anfang des 20. Jahrhunderts galt eine Frau, die eine große Oberweite und ein schönes Dekolleté besaß, als die Verkörperung des Schönheitsideales. (vgl. ENDERS, G., 1999) Doch im Laufe der Emanzipation, Anfang der 20er Jahre, kam auch die erste Schlankheitswelle. Die Frauen kämpften um Gleichberechtigung und eine androgyne, schlanke Figur mit kurzen Haaren wurde anvisiert. (vgl. ebd.) Zur Zeit des Nationalsozialismuses wiederum waren üppigere Formen gern gesehen. Es wurde den Frauen „die Aufgabe der Mutterschaft" propagiert, zu der weibliche Formen charakteristisch sind. (vgl. ENDERS,

G., 1999). In der Nachkriegszeit änderte sich das Ideal nicht, jedoch unterschieden sich die Beweggründe. Die Zeit nach dem Krieg war „eine Zeit des Mangels und der Entbehrungen", so dass ein wohl genährter Körper mit Reichtum gleichgesetzt werden konnte (vgl. ebd.).

Abbildung 3.1: Das britische Model Twiggy

Ende der 60er Jahre, als die Bevölkerung nicht mehr unter den Auswirkungen des Krieges zu leiden hatte, schwenkte das Schönheitsideal wieder in die entgegengesetzte Richtung. Das britische Model Twiggy(3.1) besaß mit seinem recht androgynen Erscheinungsbild einen beispielhaften Körperbau. Zeitgleich erfolgte eine Studentenbewegung, „die gesellschaftliche Umwälzungen forderte und der feministischen Bewegung zu einem Aufschwung verhalf" (ebd.).

In den 80er Jahren wurden zwar die Ansätze der sogenannten „Twiggy-Figur" beibehalten, die schlanke Taille und Hüfte etwa, jedoch rückte der weibliche Busen nun erneut mit in den Vordergrund. Die Kombination von einer sehr schlanken Figur mit einem gleichzeitig voluminösen und wohlgeformten Busen stellt auch im 21. Jahrhundert noch ein gängiges Schönheitsideal dar. Betrachtet man den Wandel des Schönheitsideals in der westlichen Zivilisation in diesem Jahrhundert, fällt auf, dass das Schönheitsideal davon abhängt, ob sich die Frauen gerade in einer Phase der Emanzipation befinden, dann herrscht das androgyne, schlanke Ideal vor, oder ob es gerade eine Phase des Mangels war, dann waren die üppigeren Figuren gefragt.

4   Schönheitsideal in China

4.1   Vorherrschendes Ideal und deren Ursachen

„Weiß und zerbrechlich wie Porzellan soll die Haut schimmern. Denn weiße Haut, so lautet das Schönheitsideal, wirke frischer, sauberer und zeuge von Geschmack und Kultur."(KESTENHOLZ, D., 2004) Um eine helle Haut zu erhalten, werden alle erdenklichen Cremés und Lotions (siehe 4.1)verwendet. Die helle Hautfarbe sollte Idealerweise noch durch ein ebenmäßiges Hautbild ergänzt werden. (vgl. FÜNFSTÜCK, S., 2006)

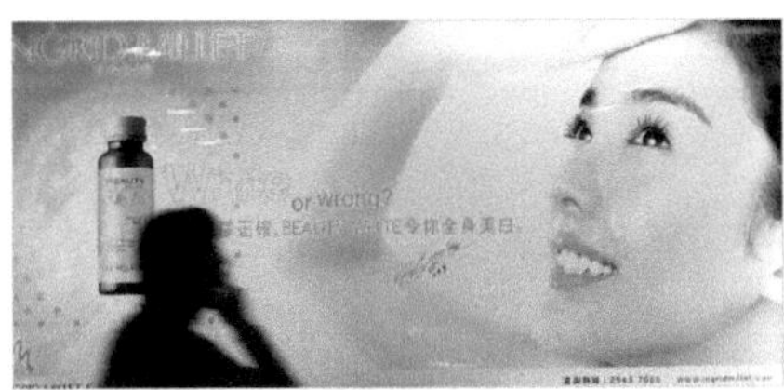

Abbildung 4.1: Werbung für ein Hautbleichmittel in China

Dieses angestrebte Ideal kann jedoch durch die Verwendung der falschen Hautbleichmittel unerreichbar bleiben. Denn laut Sue Wheat kann es zu unerwünschten Nebenwirkungen wie Entstellungen, Hautkrankheiten und Krebs führen. (vgl. WHEAT, S., 2004) Nicht nur die Haut soll zerbrechlich wirken, auch der Körperbau sollte zart und mager sein, während das Gesicht durch große Augen und der Körper durch lange Beine gekennzeichnet sind (vgl. FÜNFSTÜCK, S., 2006 und MÜHLMANN, S., 2008).

Wenn man diesen Idealen nicht von Natur aus entspricht, wird dies oftmals durch einen Schönheitschirurgen nachgeholt. So ist die Operation der Augenlider in Asien zur Zeit die am meisten durchgeführte, denn "das Geschäft boomt, seit junge Mädchen und Frauen, besonders in den Städten aus dem neuen Mittelstand, das Geld dafür verdienen können" (vgl. ERLING, J. und HERSCHINGER, E., 2002). Durch eine Operation erhält das Auge eine doppelte Lidfalte (nach europäischem Vorbild), dies macht den Eindruck eines größeren Auges, was den Besitzer freundlicher und wacher erscheinen lässt (vgl. unbekannt2, 2007). Durch ein europäischeres Aussehen versprechen sich viele Asiaten mehr Erfolg auf dem Karriere- und Heiratsmarkt (vgl. ebd.; PAYER, M., 2001). Die sogenannten "Oushi yanpi" (europäischen Augen) kann man sich bereits für 960 Yuan (120 €) operativ anfertigen lassen (vgl. ERLING, J. und HERSCHINGER, E., 2002). So ist es nicht verwunderlich, wenn kleine Mädchen und Jungs zu ihrem elften Geburtstag eine Operation geschenkt bekommen (ebd.; SCHIPPERGES, I. und SIMON, V., 2008).

Und wenn man sich doch vor einer Operation scheut, gibt es immer noch die Möglichkeit, ein doppeltes Augenlid mit speziell hergestelltem Augenlidkleber oder einem Augenklebeband (siehe Abbildung 4.2) zu modellieren (vgl. PAYER, M., 2001).

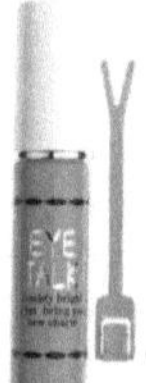

Abbildung 4.2: Augenlidkleber mit dazugehöriger Y-Gabel (a) und Augenklebeband aus Japan (b)

Eine weitere Möglichkeit, um dem Schönheitsideal operativ nachzueifern ist es, sich die Beine zu verlängern - eine Operation, die in China bereits zum Standard gehört (vgl. BILGIC, J., 2005). "Junge Mädchen, im Durchschnitt zwischen 18 und 25 Jahre alt, lassen sich dabei ihre Beine brechen, um unter erheblichen Schmerzen monatelang in der Klinik zu liegen. Schrauben, die in den gebrochenen Beinen stecken, werden immer wieder angezogen, um langsam eine Erhöhung der Körpergröße von bis zu 10 cm zu erreichen." (BILGIC, J., 2005) Durch eine größere Körpergröße versprechen sich viele Asiatinnen bessere Chancen bei der Arbeits- und Partnersuche, denn nicht selten ist die Körpergröße ein Einstellungskriterium (vgl. BILGIC, J., 2005) und lange Beine gelten generell als attraktiver (vgl. BODDERAS, E., 2008).

4.2 Entwicklung

Noch vor rund 90 Jahren war das Füßebinden in China eine selbstverständliche Maßnahme in der Oberschicht, um den Brautpreis zu erhöhen. In jungen Jahren, meist im Alter von fünf bis acht Jahren, begann man, mit meterlangen Stoffbandagen die Füße der Mädchen abzubinden. Dabei wurden die Zehen mithilfe der Bandagen unter die Rist-Innenseite gedrückt, so dass nur der große Zeh stehen blieb. Anschließend wurde die Bandage fest um die Ferse gelegt, damit die Zehen näher zu ihr wuchsen. Durch die große Belastung, die die Bandagen auf die Knochen ausübten, brach der Fuß meist beim Stehen, was ein durchaus erwünschter Effekt war, da man gebrochene Füße besser binden konnte (vgl. LIGGETT, A. und LIGGETT, J., 1989, S. 157).

Durch diese Maßnahmen verringerte sich die Größe des Fußes im Vergleich zu einem nicht gebundenem erheblich (4.3 auf der nächsten Seite). So galt ein Fuß, der 7,5 cm lang war, als „goldener Lotus", ein Fuß mit einer Länge von 10 cm als „silberner Lotus" und alles darüber hinaus als „eiserner Lotus"(siehe hierzu Abbildung 4.4) (vgl. LIGGETT, A.

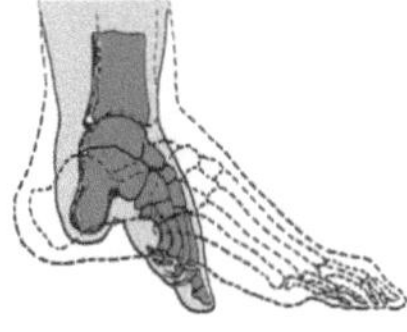

Abbildung 4.3: Im Vergleich, der Knochenbau von einem gebundenem und einem "normalem" Fuß

und LIGGETT, J., 1989, S. 152). "Dieses Maß wurde zu den vorrangigen Vorraussetzun-

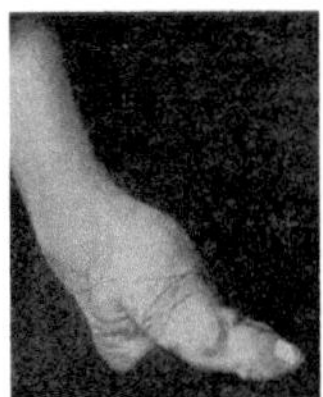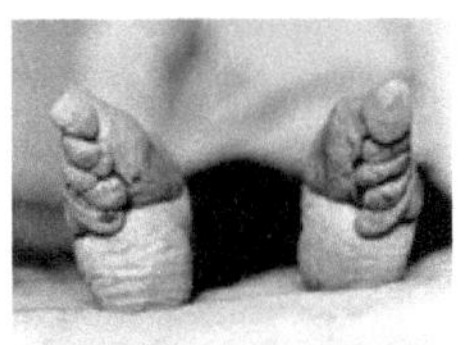

Abbildung 4.4: Die Seiten-(a) und Unteransicht (b) eines "Lotusfußes"

gen eines heiratsfähigen Mädchens" (FU, J., 1998, S.55).

Die gebundenen Füße der Frauen hatten natürlich zur Folge, dass diese in ihrer Bewegung erheblich eingeschränkt wurden (vgl. LIGGETT, A. und LIGGETT, J., 1989, S. 151). Allerdings war dies ein gewünschter Nebeneffekt, da chinesische Frauen so den dreifachen Gehorsam und die vier Tugenden besser erfüllen konnten. Der dreifache Gehorsam bedeutet, dass Sie zuhause dem Vater unterworfen ist, in der Ehe dem Gatten und nach dem Tode des Gatten ihrem ältesten Sohn (vgl. FU, J., 1998, S. 54). Das hatte zur Folge, dass die Frauen an das Haus gebunden waren und keine eigenmächtigen Entscheidungen treffen durften (vgl. ebd.). „Als Frauentugenden galten bis zur Tang-Zeit (618–907 n.Chr.) noch im wesentlichen Gehorsam, Fleiß, Sparsamkeit und Weiblichkeit. Mädchen und Frauen lernten den eigenen Willen und Charakter zu zügeln und statt dessen anderen zu dienen und zu gefallen, um ein harmonisches Verhältnis mit der Umwelt und den Mitmenschen herzustellen" (FU, J., 1998, S. 61). Durch das Binden der Füße war die Frau dazu gezwungen, sich nur im Hause aufzuhalten, da sie ohne fremde Hilfe keine größeren Strecken zurücklegen konnte. Dadurch sollten sie den dreifachen Gehorsam besser befolgen können und ihre Keuschheit bewahren, da sie nicht die Möglichkeit besaßen, das Haus zu verlassen. Gebundene Füße wurden somit auch ein Zeichen für anständige Frauen und Mädchen (vgl. FU, J., 1998, S. 55). „Eine Frau mit gebundenen Füßen, die sich fast ausschließlich in ihrem Zuhause aufhielt, galt als in höchstem Maße moralisch und sittsam. Eigenschaften, die in der chinesischen Gesellschaft dieser Zeit immer wichtiger wurden" (LEVY, H.S., 1984, S. 41f.).

Die Lotusfüße wurden zudem zu einem sexuell anziehenden Objekt. So gab es spezielle Ratgeber, wie man den Lotus liebkosen dürfte oder ihn während des Geschlechtsverkehrs halten sollte. Auch das man auf den Nachtschuhen der Damen meist Zahnabdrücke gefunden hat, beweist, dass diese Empfänger von Liebkosungen waren (vgl. LIGGETT, A. und LIGGETT, J., 1989, S. 153). Man glaubte zudem, dass das Füßebinden Veränderungen im weiblichen Körper bewirken würde. So war man der Meinung, dass dadurch „außergewöhnliche wollüstige Hüften und kraftvolle Schenkel" entstehen würden und sie für immer „den Muskeltonus einer Jungfrau behalten" würde (vgl. ebd.). Ebenfalls die Haltung beim Gehen regte die Phantasie der Männer an, da die Frauen in einer leicht unterwürfigen Haltung laufen mussten, besaßen sie einen wiegenden Gang der die Männer faszinierte (vgl. ebd.; VANCE, Y., 2006, S. 48). Natürlich wirkte sich diese Haltung auch auf die innere Anatomie aus, die somit übermäßig trainiert wurde, so dass der Glaube an den Muskeltonus der Jungfrau nicht unbegründet war (vgl. LIGGETT, A. und LIGGETT, J., 1989, S.153).

Allerdings wurde dieser Brauch 1911 erstmalig verboten (vgl. HILDEBRANDT, K., 2007), da jedoch weiterhin Füße von Mädchen gebunden wurden, wurde dieser 1928 erneut vom Innenministerium verboten und jede Zuwiderhandlung konnte nun schwere Bestrafungen nach sich ziehen (vgl. LIGGETT, A. und LIGGETT, J., 1989, S. 154). Frauen sollten von nun an aktiv an der Entwicklung des Landes teihaben. Während der Revolution sollten sie kräftig - schon fast maskulin sein, breite Schultern haben, runde, braungebrannte Gesichter und sich nicht voneinander abheben (wie in Abbildung 4.5 zu sehen; vgl. unbekannt5, unbekannt).

Abbildung 4.5: Starke Frauen für ein starkes Land

5 Schönheitsideal in Afrika

5.1 Vorherrschendes Ideal und deren Ursachen

Das afrikanische Schönheitsideal orientiert sich teilweise an der westlichen Welt. Die dunkle Haut ist nicht gerne gesehen, so dass sich viele Afrikanerinnen sogar selber Haubleichemittel zusammenstellen. Dieses kann fatale Auswirkungen auf die Haut haben, wie auf Abbildung 5.1 deutlich zu sehen ist. (vgl. ULRICH, S., 2009) Doch auch die indus-

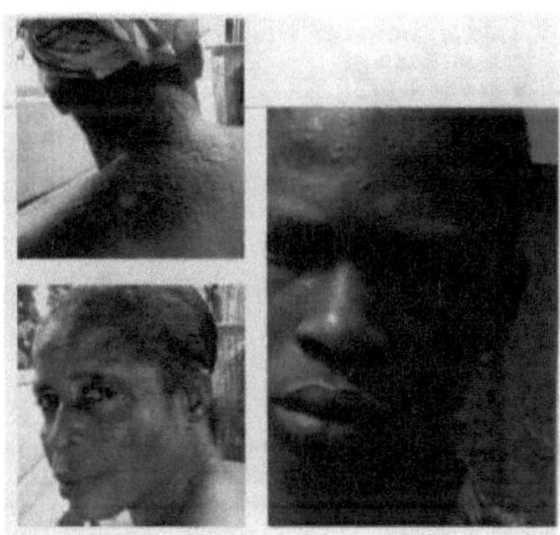

Abbildung 5.1: Hautverletzungen nach der Verwendung von unsachgemäß hergestellten Hautbleichmitteln

triell hergestellten Mittel sind nicht ungefährlich (siehe Abbildung 5.2). Der darin oft

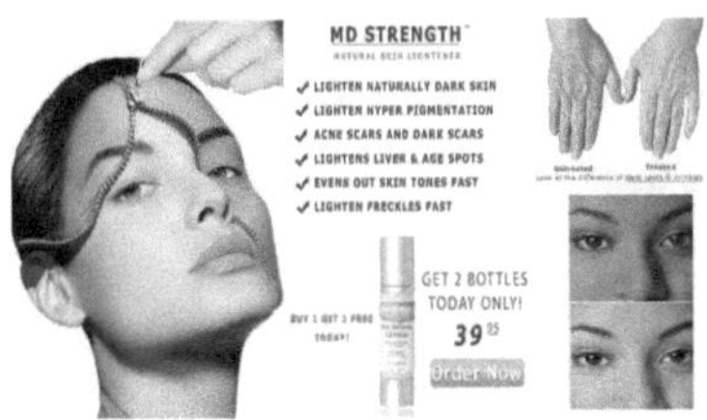

Abbildung 5.2: Werbung für ein Hautbleichmittel in Afrika

enthaltene Inhaltsstoff Hydrochinon macht die Haut nach einiger Zeit rau, es bilden sich Knötchen, welche mit der Zeit wachsen. Trotz dieses Wissens schrecken viele nicht davor zurück (vgl. LIGGETT, A. und LIGGETT, J., 1989, S. 70). Auch das meist stark gelockte bzw. krause Haar wird durch eine reichhaltige Pflege mit Ölen, diversen Haarglättungs-Shampoos und Glätteisen bearbeitet, bis das Ebenbild glänzendes und glattes Haar aufzeigt. (vgl. FÜNFSTÜCK, S., 2006) Trotz westlichen Ansätzen ist das Schönheitsideal in ländlichen, ärmeren Gegenden, im Bezug auf die Figur, entgegengesetzt. In vielen afrikanischen Ländern wird eine üppige Figur bevorzugt, denn „Schlanksein gilt in Afrika oft als ungesund, besonders in Zeiten von Aids. [...] weil Menschen die an Aids erkranken schnell Gewicht verlieren. Schlankheit ist demnach manchmal ein Anzeichen für einen schlechten Gesundheitszustand." (WHEAT, S., 2004) Zudem stehen pralle Formen in vielen Teilen Afrikas für Wohlstand und Fruchtbarkeit. Es heißt, nur wer genügend Geld hat, kann es sich leisten, sich einen Wohlstandsbauch anzuessen. Man nimmt also an, dass dicke Frauen zwangsläufig vermögend sind. Frauen hingegen, die auf den Feldern arbeiten müssen und schlank sind, werden vor der Heirat in so genannte „Mästezimmer" untergebracht, in denen sie sieben bis neun Wochen lang gefüttert werden (vgl. LIGGETT, A. und LIGGETT, J., 1989, S. 21) In zivilisierteren Gegenden Afrikas werden die Frauen hingegen immer dünner. Dort übt die westliche Welt durch Kinofilme, Fernsehen und Zeitschriften einen großen Einfluss auf das Schönheitsideal aus (vgl. NORTHUMBRIA UNIVERSITY, 2004). Laut einer Studie, die die Frauen der Northumbria Universität mit den Frauen der Universität von Zululand vergleicht, wächst die Unzufriedenheit über ihrem Körper der afrikanischen Frauen. Diese Tatsache hängt mit den soziodemografischen und politischen Veränderungen zusammen, die seit Jahren in Afrika stattfinden (vgl. ebd.). Bei der Befragung der Studienteilnehmer nach den Gründen, weshalb diese sich von dem traditionell dickeren Frauenbild abwenden und einem schlanken Körperbild nacheifern, werden die unterschiedlichsten Gründe angegeben. Zum einen nennen sie den Grund, dass die afrikanischen Männer dünne Frauen bevorzugen und sie keine andere Möglichkeit haben außer dünn zu sein, um auf Männer attraktiv zu wirken. Zum anderen führen sie den Grund an, dass sie gerne modern erscheinen möchten und dies nur geht wenn sie schlank sind, da die moderne Kleidung nur in kleineren Größen erhältlich sei (vgl. ebd.). Zudem antworteten die Befragten, dass sozialer Druck ein weiterer Faktor sei, da dicke Frauen von Freunden, Bekannten und sogar Familienmitgliedern verspottet werden. Als letzten Grund geben die Frauen an, dass sie nun zum ersten Mal selbst über ihr Gewicht entscheiden dürfen. In früheren Zeiten, oder auch, wie schon erwähnt, heutzutage in ländlichen Gegenden, wurde von den Vätern oder Ehemännern verlangt, an Gewicht zuzunehmen, da Beleibtheit als Statussymbol angesehen wurde (vgl. ebd.).

5.2 Entwicklung

Bis vor wenigen Jahren hatten die Afrikanerinnen ein sehr entspanntes Verhältnis zu ihrem Körper. Sie akzeptierten ihre von Natur aus breiteren Hüften und ihr Gesäß (vgl. ENGELHARDT, M., 2004). Jedoch zeigt sich, dass die Unzufriedenheit in den letzten Jahren ansteigt und sich der Wunsch nach einer schlanken, wohlgeformten Figur entwickelt. Seit dem Einfluss des westlichen Schönheitsideals durch die Medien ist nicht nur der Schlankheitskult nach Afrika gekommen, sondern auch die Essstörungen Anorexie und Bulimie. Noch zu Beginn des 20. Jahrhunderts „wurden dünne Frauen diskriminiert, heute gelten sie als begehrenswert, erfolgreich und wohlhabend" (unbekannt4, 2007). Des Weiteren geht der Trend immer mehr in Richtung helle Haut. Die natürliche dunkle Haut ist nicht mehr gerne gesehen (vgl. LIGGETT, A. und LIGGETT, J., 1989, S. 70). "Ein Grund hierfür könnte die Tatsache sein, dass nur sehr wenige dunkelhäutige Menschen in der Werbung vorkommen oder als Vorbilder gezeigt werden. Dadurch entsteht der Eindruck, als ob hellhäutige Afrikanerinnen mehr Chancen haben als dunkelhäutige Afrikanerinnen" (unbekannt3, unbekannt).

6 Schlussfolgerung

Vergleicht man die hier betrachteten Schönheitsideale miteinander, so fällt auf, dass es Unterschiede und Gemeinsamkeiten gibt.

Ein großer Unterschied liegt beispielsweise beim Schönheitsempfinden des Hautteints. In China und Afrika streben die Frauen nach einem möglichst hellen Hautteint und nehmen dabei auch einige Risiken in Kauf. Die Frauen der westlichen Welt hingegen möchten einen möglichst dunklen Hautteint bekommen, hier ist die Blässe nicht gerne gesehen. Dies liegt daran, dass früher in Entwicklungsländern blasse Menschen meist wohlhabend waren, da diese die Mittel besaßen, ihr Haus nicht verlassen zu müssen um draußen unter Sonneneinstrahlung auf dem Feld oder ähnlichem ihren Lebensunterhalt zu verdienen. Somit wurde allgemein ein blasser Teint favorisiert, da dieser Reichtum und ein Leben ohne Arbeit symbolisierte. Dieses Denken ist nach wie vor stark im Bewusstsein der Bevölkerung verankert. In der westlichen Welt jedoch, wo der Lebensunterhalt oftmals im Büro verdient wird, ist der Großteil der Bevölkerung von vornherein blass. Bei uns steht Bräune für Freizeit, Unabhängigkeit und Lebenslust- sprich für die Zeit, die man sich leisten kann, nicht im Büro zu sitzen.

Betrachtet man nun die Gemeinsamkeiten, so erkennt man, dass Schlanksein bei westlichen Frauen, und auch zunehmend bei afrikanischen und chinesischen Frauen, weit oben auf der Prioritätenliste steht. Denn in einer Welt, in der weite Teile der Bevölkerung durch Überproduktion an Lebensmitteln versorgt sind, ist ein schlanker Körper zum Luxus geworden. Er zeugt von Disziplin, Macht, Erfolg und Schönheit. Jedoch ist zu erwähnen, dass Kulturen, die aus wirtschaftlicher Sicht nicht stark entwickelt sind bzw. wirtschaftlich benachteiligt sind, füllige Frauenkörper als begehrenswerter empfinden als Schlanke.

Vergleicht man Beispielsweise das Schönheitsideal ärmlicher afrikanischer Gegenden mit dem der Deutschen während des zweiten Weltkrieges, so lassen sich Parallelen erkennen. In beiden Fällen war bzw. ist die wirtschaftliche Situation nicht gut. Man versucht also, seine finanzielle Situation in Form eines Wohlstandsbauches zu zeigen. Denn

> "In Zeiten des Mangels (und die meisten Zeiten waren solche des Mangels) ist Körperfülle ein Statussymbol. Nur die Bessergestellten kommen - meist auf Kosten der anderen - an ausreichend Kalorien und können sich das leisten, was die anderen nicht haben: einen schönen Bauch. Sobald aber alle Zugang zu den Fleischtöpfen haben, drehen sich die Vorzeichen um: Nun ist die schlanke Linie der Luxus, den sich die anderen nicht leisten können." (RENZ, U., 2006, S. 92)

Ein Grund, weshalb man sich dem Einfluss von Schönheitsidealen nicht entziehen kann, ist, dass durch die allgegenwärtige Werbung „vorgespielt" wird, dass man nur als schlanker Menschen schön, glücklich, erfolgreich und gesund sein kann. Der Einfluss der Medien ist unverkennbar.

In letzter Zeit sind jedoch „Anti-Schlankheitswahn" – Kampagnen auf dem Vormarsch, um eben genau diesem entgegenzuwirken. Beispielsweise ist hier die Zeitschrift Brigitte zu nennen. Diese hat die Kampagne „ohne Models" gestartet, bei der nur „normalgewichtige" Frauen abgelichtet werden, jedoch sollte man erwähnen, dass trotz guter Ansätze nach wie vor Diäten und Tipps zum erfolgreichen Abnehmen in der Zeitschrift abgedruckt werden. Als weiteres Beispiel könnte man die Werbung von „DOVE" erwähnen, die normalgewichtige bis leicht übergewichtige Frauen in Unterwäsche zeigt (siehe Abbildung 6.1) (vgl. FRICKE, D., 2007) . Bei diesen Versuchen, gegen den Schlankheitswahn

Abbildung 6.1: DOVE Werbung ohne Mager-Models

vorzugehen, sollte man ansetzen.

Auch der Berufsstand der Oecotrophologen kann dort eingreifen. Durch Infoveranstaltungen über die Auswirkungen eines unterernährten Körpers, Aufklärungsarbeit über das Retuschieren in Frauenzeitschriften oder durch Programme zum Aufbauen des Selbstbewusstseins. Besonders letzteres kann sehr effektiv sein, da viele Frauen ihr Selbstbewusstsein über ihr Gewicht definieren (vgl. FOX, K., 1997). Aktuell ist hier das Master Projekt „body image[+]" der Hochschule Fulda, Masterstudiengang Public Health Nutrition, des Fachbereiches Oecotrophologie, zu nennen. Dieses hatte sich zum einen das Ziel gesetzt, durch Workshops an Schulen in der Unterstufe die Körperzufriedenheit der Mädchen zu steigern.

Eine zentrale Rolle spielt ebenfalls die Globalisierung. Durch sie gewinnt die westliche Welt immer mehr an Einfluss. Dies spiegelt sich auch in den Schönheitsidealen entfernterer Länder wider (vgl. ROYAL SOCIETY OF MEDICINE, 1999).

7 Bewertung der Literaturquellen

Die Recherche zu dieser Hausarbeit gestaltete sich als eine herausfordernde Arbeit, da es bis auf wenige Ausnahmen nicht möglich war, seriöse Quellen zu ermitteln. Dadurch mussten wir leider auf relativ unseriöse Texte zurückgreifen, so dass man sagen muss, dass die Inhalte dieser Ausarbeitung mit Vorsicht zu betrachten sind.

Auf der Suche nach Quellen sind wir auf zahlreiche Texte gestoßen, deren Inhalte deckungsgleich waren. Dies ändert jedoch nichts daran, dass die Seriosität der Texte zu bemängeln ist. Insbesondere Internetseiten, die keinerlei Angaben zum Autor oder Herausgeber sowie dem Erscheinungsdatum geben, sind mit größter Sorgfalt zu begutachten.

Wir möchten jedoch den Eindruck vermeiden, dass wir wahllos Internetseiten verwendet haben.

Mögliche Gründe, weshalb wir keine seriösen Quellen ausfindig machen konnten, sind eventuell mangelnde Recherchekenntnisse oder aber die Tatsache, dass es tatsächlich sehr wenig Literatur zu diesem Thema gibt, die für uns zugänglich ist.

8 Literaturverzeichnis

8.1 Bücher

- AMELANG, M., AHRENS, H.J. und BIERHOFF, H.W. (1995): Attraktion und Liebe: Formen und Grundlagen partnerschaftlicher Beziehungen. 2.Aufl., Hoegrefe Verlag, Göttingen, Seite nicht angegeben.

- BÜNTING, K. D. (1996): Deutsches Wörterbuch – Mit der neuen Rechtschreibung. Isis Verlag AG, Chur/Schweiz, S. 553, 1020.

- CASH, T.F., GILLEN, B. und BURNS, S. (1977): Sexismand beautism in personell consultant decision making. Journal of Applied Psychology, S. 62, 301-310.

- GOLDMAN, W und LEWIS, P. (1977): Beautiful is good: Evidence that the physically attractive are most socially skilful. Journal of Experimental Social Psychology, S. 13, 125-130.

- KLUGE et al. (1999): Körper und Schönheit als soziale Leitbilder - Ergebnisse einer Repräsentativerhebung in West- und Ostdeutschland. Band 13 Studien zur Sozialpädagogik, Peter Lang GmbH – Europäischer Verlag der Wissenschaften, Frankfurt am Main, S. 19.
  zitiert nach

  - LANDY, D. und SIGALL, H. (1974) S. 29, 299-304.
  - GOLDMAN, W und LEWIS, P. (1977) S. 13, 125-130.
  - CASH, T.F., GILLEN, B. und BURNS, S. (1977) S. 62, 301-310.
  - MARUYAMA, G. und MILLER, N. (1980) S. 6, 384-390.
  - STEWARD, J. (1980) S. 10, 348-361.
  - AMELANG, M., AHRENS, H.J. und BIERHOFF, H.W. (1995) Seite nicht angegeben

- LANDY, D. und SIGALL, H. (1974): Beauty is talent: Task evaluation as a function of the performers physical attractiveness. Journal of Personality and Social Psychology, S. 29, 299-304.

- LEVY, H.S.(1984): Chinese Footbinding – The History of a Curious Erotic Custom. New York, S. 41 f..

- LIGGETT, A., LIGGETT, J. (1989): Die Tyrannei der Schönheit. Willhelm Heyne Verlag, München, S. 14, 21, 70, 72, 151 ff., 157.

- MARUYAMA, G. und MILLER, N. (1980): Physical attractiveness, race and essay evaluation. Personality and Social Psychology Bulletin, S. 6, 384-390.

- RENZ, U. (2006): Schönheit - eine Wissenschaft für sich. Berlin Verlag GmbH, Berlin, S. 92.

- STEWARD, J. (1980): Defendants Attractiveness as a factor in the outcome of criminal trials: An observational study. Journal of Applied Social Psychology , S. 10, 348-361.

8.2 Internetseiten

- Autor: BODDERAS, E. (2008)

    - Titel: Warum lange Beine sexuell attraktiver sind
    - Quelle: http://www.welt.de/wissenschaft/article1558850/Warum_lange_Beine_sexuell_attraktiver_sind.html
    - Abrufdatum: 30.01.2010; 10.32 Uhr

- Autor: ENDERS, G. (1999)

    - Titel: Entwicklung von Schönheitsidealen
    - Quelle: http://www.sizexpert.de/specials/clients/tips/sizespecial/enders/ideal.html
    - Abrufdatum: 09.11.2009; 17.04 Uhr

- Autor: ENGELHARDT, M. (2004)

    - Titel: In Afrika ändert sich das Schönheitsideal
    - Quelle: http://www.eed.de/ueberblick.archiv/one.ueberblick.article/ueberblick.html?entry=page.200404.021
    - Abrufdatum: 10.12.2009; 13.56 Uhr

- Autor: ERLING, J. und HERSCHINGER, E. (2002)

    - Titel: Asien schaut nach Europa
    - Quelle: http://www.welt.de/print-welt/article405269/Asien_schaut_nach_Europa.html
    - Abrufdatum: 22.11.2009; 23.34 Uhr

- Autor: FOX, K. (1999)

    - Titel: Mirror, mirror - A summary of research findings on body images, Motives: why we look in the mirror
    - Quelle: http://www.sirc.org/publik/mirror.html

    - Abrufdatum: 29.01.2010; 12.53 Uhr

- Autor: FRICKE, D. (2007)

    - Titel: Wahre Schönheit
    - Quelle: http://www.handelsblatt.com/unternehmen/koepfe/wahre-schoenheit;1326562

    - Abrufdatum: 29.01.2010; 16.06 Uhr

- Autor: FÜNFSTÜCK, S. (2006)

    - Titel: Schönheit rum um den Globus
    - Quelle: http://leben.freenet.de/frauenlifestyle/beautyandwellness/schoenheit-rund-um-den-globus_659330_532980.html

    - Abrufdatum: 12.11.2009; 19.54 Uhr

- Autor: JIHONG, F. (1998)

    - Titel: Das Frauenbild in den Abbildungen der Schulbücher in der Volksrepublik China und der Republik China. Eine Inhaltsanalyse

    - Quelle: http://deposit.d-nb.de/cgi-bin/dokserv?idn=957456174&dok_var=d1&dok_ext=pdf&filename=957456174.pdf

    - Abrufdatum: 12.01.2010; 15.55 Uhr

- Autor: KESTENHOLZ, D. (2004)

    - Titel: Der Traum vom bleichen Gesicht
    - Quelle: http://www.welt.de/print-welt/article337676/Der_Traum_vom_bleichen_Gesicht.html

    - Abrufdatum: 12.01.2010; 15.40 Uhr

- Autor: KOBALD, R. (2007)

    - Titel: Zur Philosophie der Schönheit im 21. Jahrhundert, oder die Ökonomie des Impressionsmanagement
    - Quelle: http://www.sicetnon.org/content/phil/oekonomie_der_schoenheit.pdf

    - Abrufdatum: 19.02.2010; 15.13 Uhr

- Autor: MÜHLMANN, S. (2008)

  - Titel: Schlank ist schick
  - Quelle: http://www.welt.de/welt_print/article2274716/Schlank-ist-schick.html

  - Abrufdatum: 13.12.2009; 14.06 Uhr

- Autor: NORTHUMBRIA UNIVERSITY (2004)

  - Titel: Western images lead to changes in body shape in South Africa
  - Quelle: http://www.alphagalileo.org/ViewItem.aspx?ItemId=38828&CultureCode=en

  - Abrufdatum: 22.01.2010; 13.23 Uhr

- Autor: PAYER, M. (2001)

  - Titel: Internationale Kommunikationskulturen 10. Kulturelle Faktoren: Kleidung und Anstand 4. Teil IV: Körpergestaltung
  - Quelle: http://www.payer.de/kommkulturen/kultur104.htm#8.

  - Abrufdatum: 29.01.2010; 12.23 Uhr

- Autor: ROYAL SOCIETY OF MEDICINE (1999)

  - Titel: What is a realistic healthy weight?
  - Quelle: http://www.alphagalileo.org/ViewItem.aspx?ItemId=52710&CultureCode=en

  - Abrufdatum: 10.12.2009; 12.34 Uhr

- Autor: SCHIPPERGES, I. und SIMON, V. (2008)

  - Titel: Bin ich nicht schön? - Schönheitsideale der Kulturen
  - Quelle: http://www.sueddeutsche.de/leben/100/446835/text/

  - Abrufdatum: 13.12.2009; 14.34 Uhr

- Autor: unbekannt1 (2009)

  - Titel: Der Kult um den perfekten Körper
  - Quelle: http://www.spiegel.de/sptv/special/0,1518,631236,00.html

  - Abrufdatum: 15.12.2009; 19.09 Uhr

- Autor: unbekannt2 (2007)

  - Titel: Künstliche Lidfalten
  - Quelle: http://www.auge-online.de/Beschwerden/Kosmetische_Therapie/Kunstliche_Lidfalten/kunstliche_lidfalten.html

  - Abrufdatum: 29.01.2010; 13.45 Uhr

- Autor: unbekannt3 (unbekannt)

  - Titel: Mode in Afrika - Afrikanische Mode
  - Quelle: http://www.culture-and-development.info/project/afrimode.htm

  - Abrufdatum: 10.12.2009; 12.00 Uhr

- Autor: unbekannt4 (2007)

  - Titel: Schönheit im Zeichen der Globalisierung - Anorexie und Bulimie als Exportware
  - Quelle: http://www.presseanzeiger.de/meldungen/gesundheit-medizin/239972.php

  - Abrufdatum: 09.11.2009; 17.45 Uhr

- Autor: unbekannt5 (unbekannt)

  - Titel: Sexualität und Körper: Schönheit und Mode in China
  - Quelle: http://web.me.com/weidenhaus/Website/Sch%C3%B6nheit_in_China.html

  - Abrufdatum: 03.01.2010; 12.34 Uhr

- Autor: ULRICH, S. (2009)

  - Titel: Chlor im Gesicht
  - Quelle: http://www.sueddeutsche.de/leben/192/493538/text/

  - Abrufdatum: 29.01.2010; 16.45 Uhr

- Autor: WHEAT, S. (2004)

  - Titel: Kulturell geprägte Vorstellungen von Schönheit - Alles nur Ansichtssache?
  - Quelle: http://www.eed.de/ueberblick.archiv/one.ueberblick.article/ueberblick.html?entry=page.200404.006

  - Abrufdatum: 13.12.2009; 13.57 Uhr